你是我的独家记忆

猫咪专属手账

卓文 编

新世界出版社
NEW WORLD PRESS

爱卿，快来给朕铲屎。

我不想做你的宠物，我想做你最好的朋友。

如果你把我带回了家，

那就做我一辈子的铲屎官吧。

只有你的声音，如天使一般的猫，

神秘珍奇的猫咪，

你的一切，就像那天使，

是那样谐和而又微妙！

—— [法国]波德莱尔，《猫》（节选）

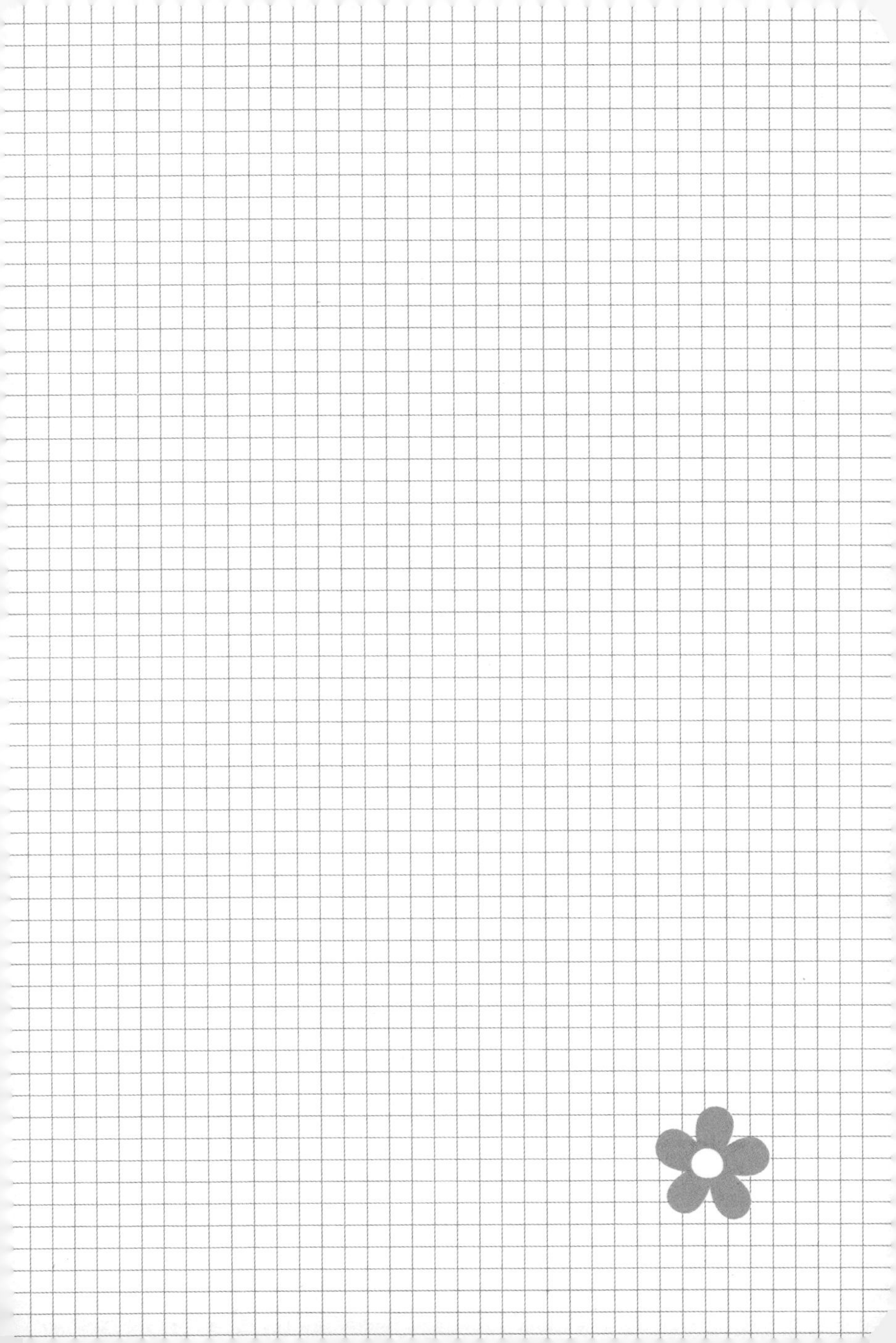

cat

cat

逃离生命迷思的方法有二：音乐和猫。

——[德国]阿尔贝特・施韦泽

猫的毛吸满了太阳光的温暖，告诉了我生命中最美好的一部分，让我明白了由这些生命中的片段，又组成了这个世界的一个部分。

——[日本]村上春树，《软绵绵》（节选）

世人褒贬，因时因地而不同，

像我的眼珠一样变化多端。

我的眼珠不过忽大忽小，

而人间的评说却在颠倒黑白，

颠倒黑白也无妨，

因为事物本来就有两面和两头。

——[日本]夏目漱石，《我是猫》（节选）

当一只猫轻轻悄悄地走过你的房间时，

你可以在他那孤寂的徐行步伐中，

瞥见花豹，

甚或是黑豹的影子。

——[英国]多丽丝·莱辛，《特别的猫》（节选）

cat

cat

猫的性格实在有些古怪。说它老实吧，它有时候的确很乖。它会找个暖和的地方，成天睡大觉，无忧无虑，什么事也不过问。可是，它决定要出去玩玩，就会出去走一天一夜，任凭谁怎么呼唤，它也不肯回来。

——老舍，《猫》（节选）

前朝大内猫狗，皆有官名食俸，中贵养者，常呼猫为老爷。

——[清]宋荦，《筠廊偶笔》（节选）

猫咪摇尾巴是因为内心正发生激烈的冲突。

看！这双迷人的双眸，

里面好似装着个银河系呢。

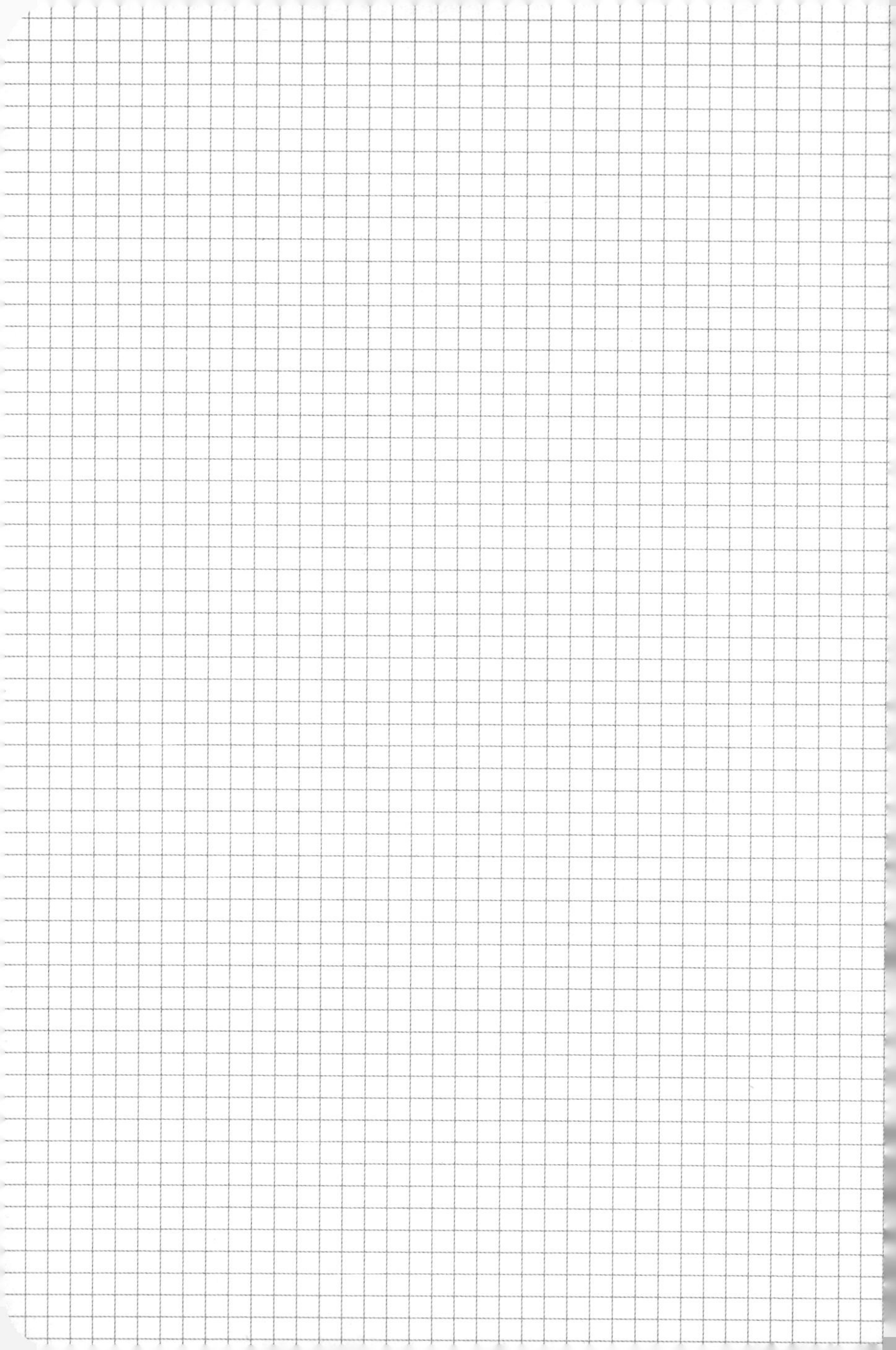

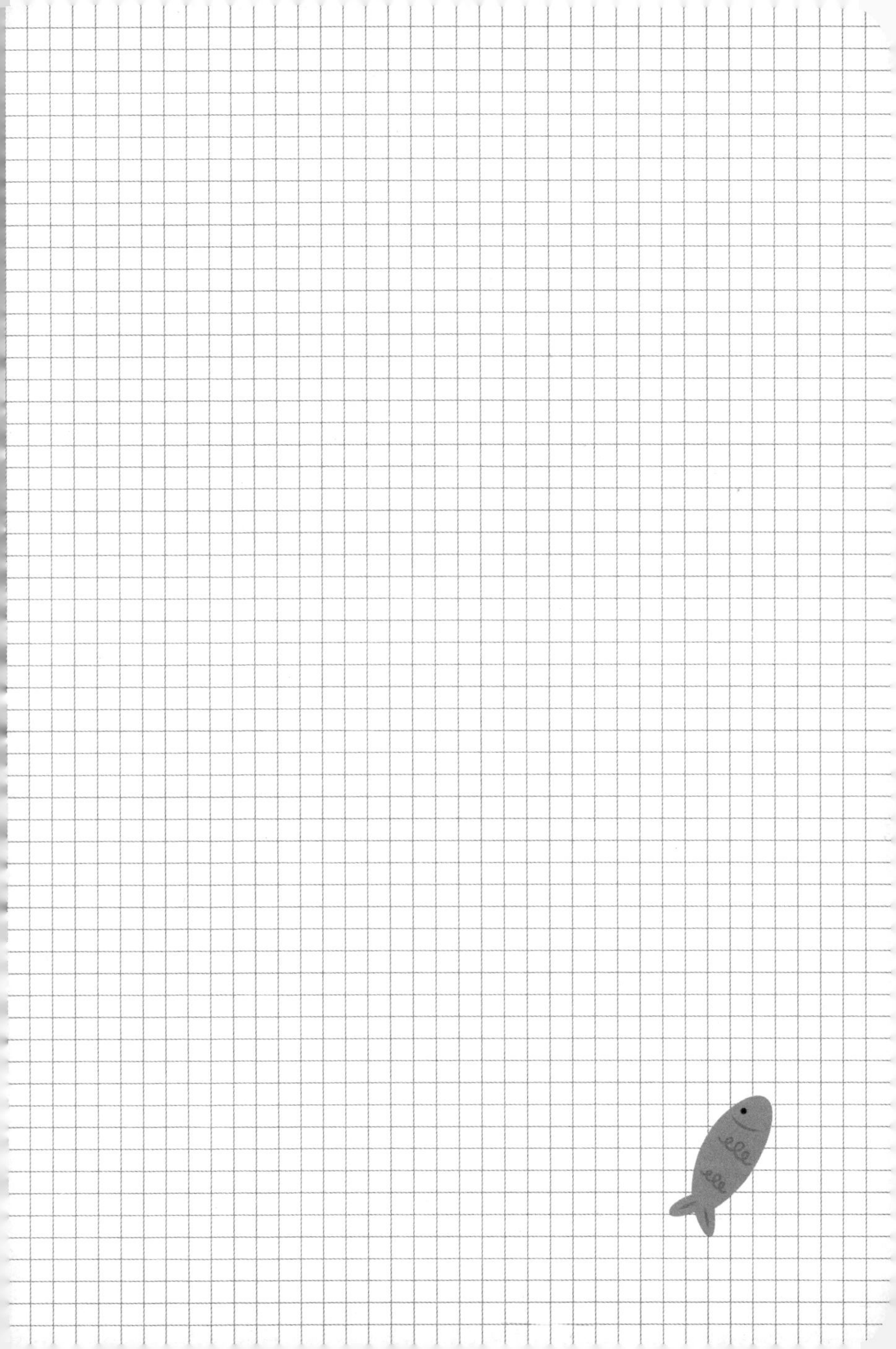

cat

cat

清凉殿里饲养的御猫，叙爵五位，称为命妇，非常可爱。

——[日本]清少纳言，《枕草子》（节选）

快把那瓶醋拿走！愚蠢的人类，朕最讨厌醋味了！

吾家老乌圆，斑斑异今古。

抱负颇自奇，不尚威与武。

——[元]王冕，《画猫图》（节选）

words

宠我，

喂饱我，

不许离开我。

—— [美国]《加菲猫》

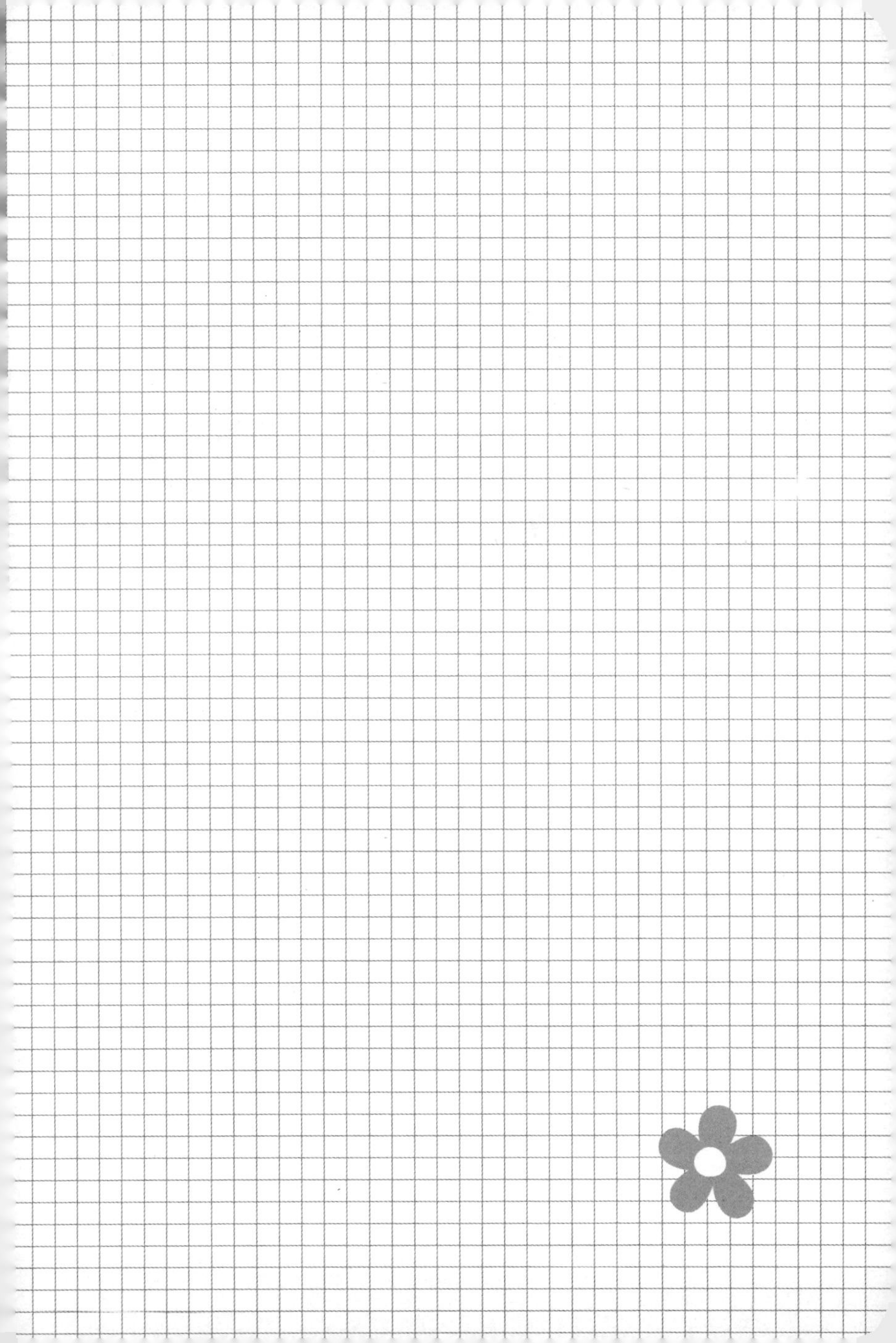

cat

朕的小鱼干呢？喵！

黑猫敏那娄舍凝视着那月儿

随心所欲地游走，嚎叫

空中那清冷的月光

搅扰着他的兽性之血

—— [爱尔兰]叶芝，《猫与月》（节选）

猫儿被围赶得走投无路时，

也会变成狮子的。

——[西班牙]塞万提斯

真正的猛士，

敢于给自家主子洗澡。

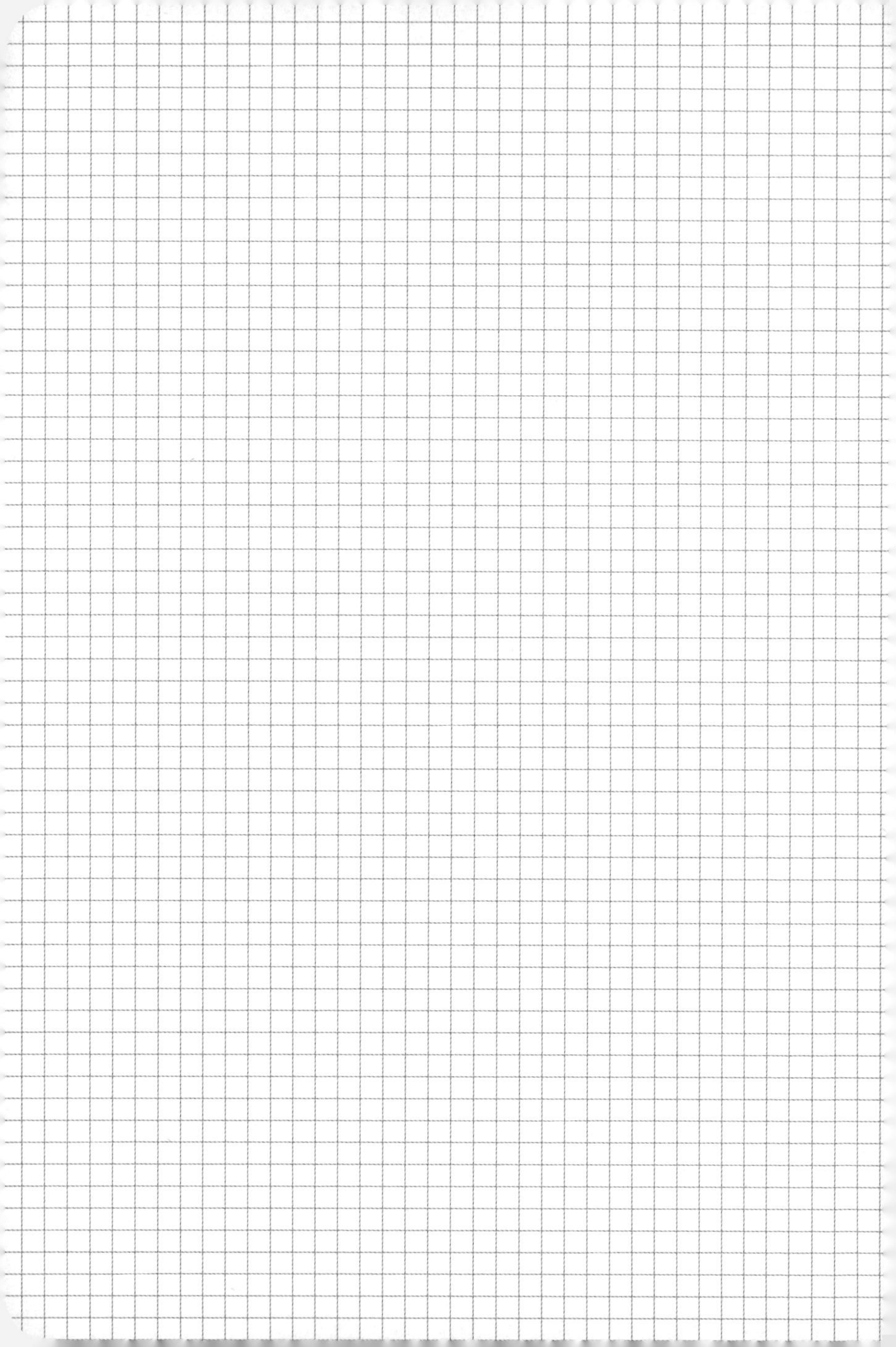

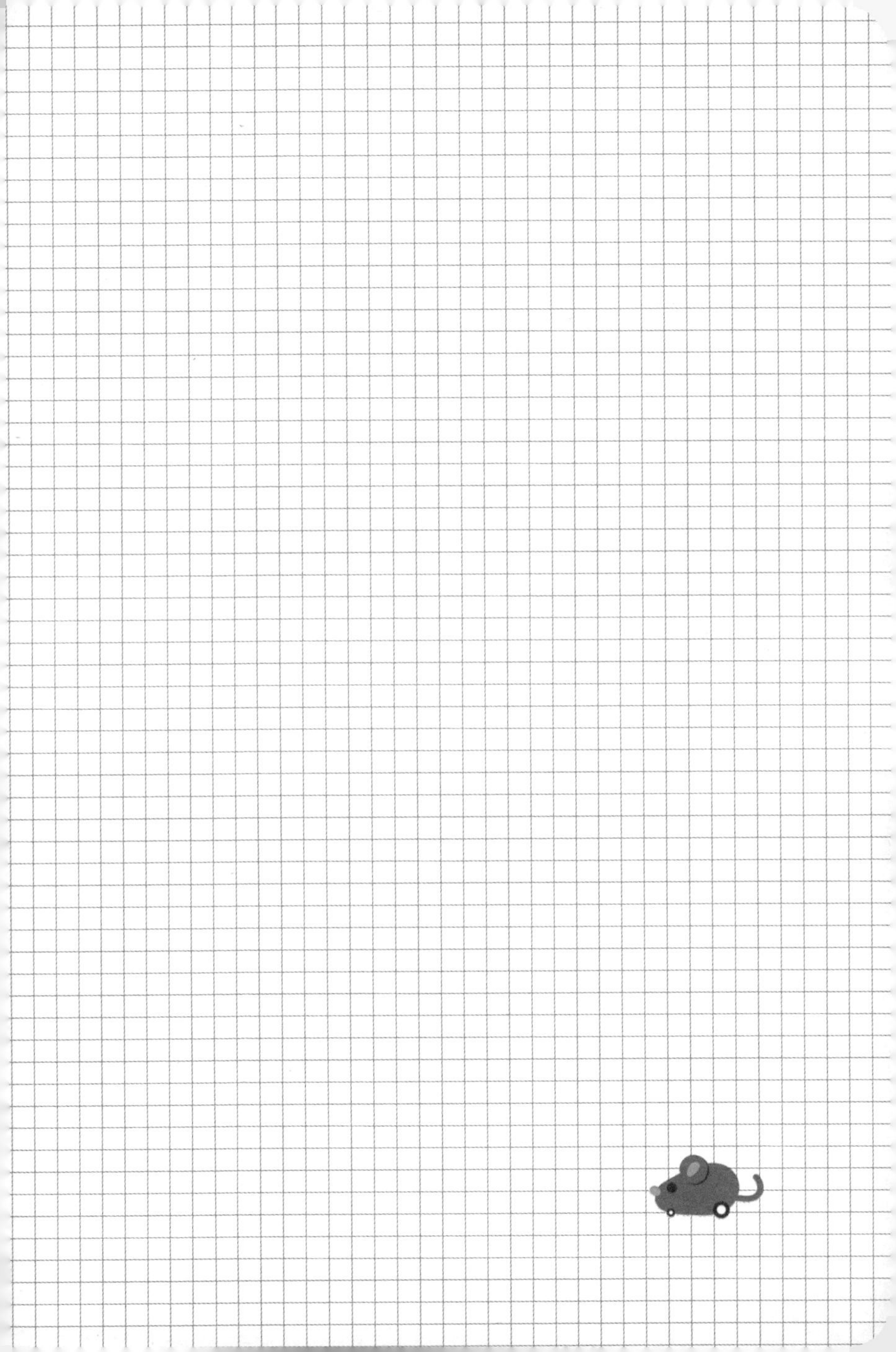

cat

cat

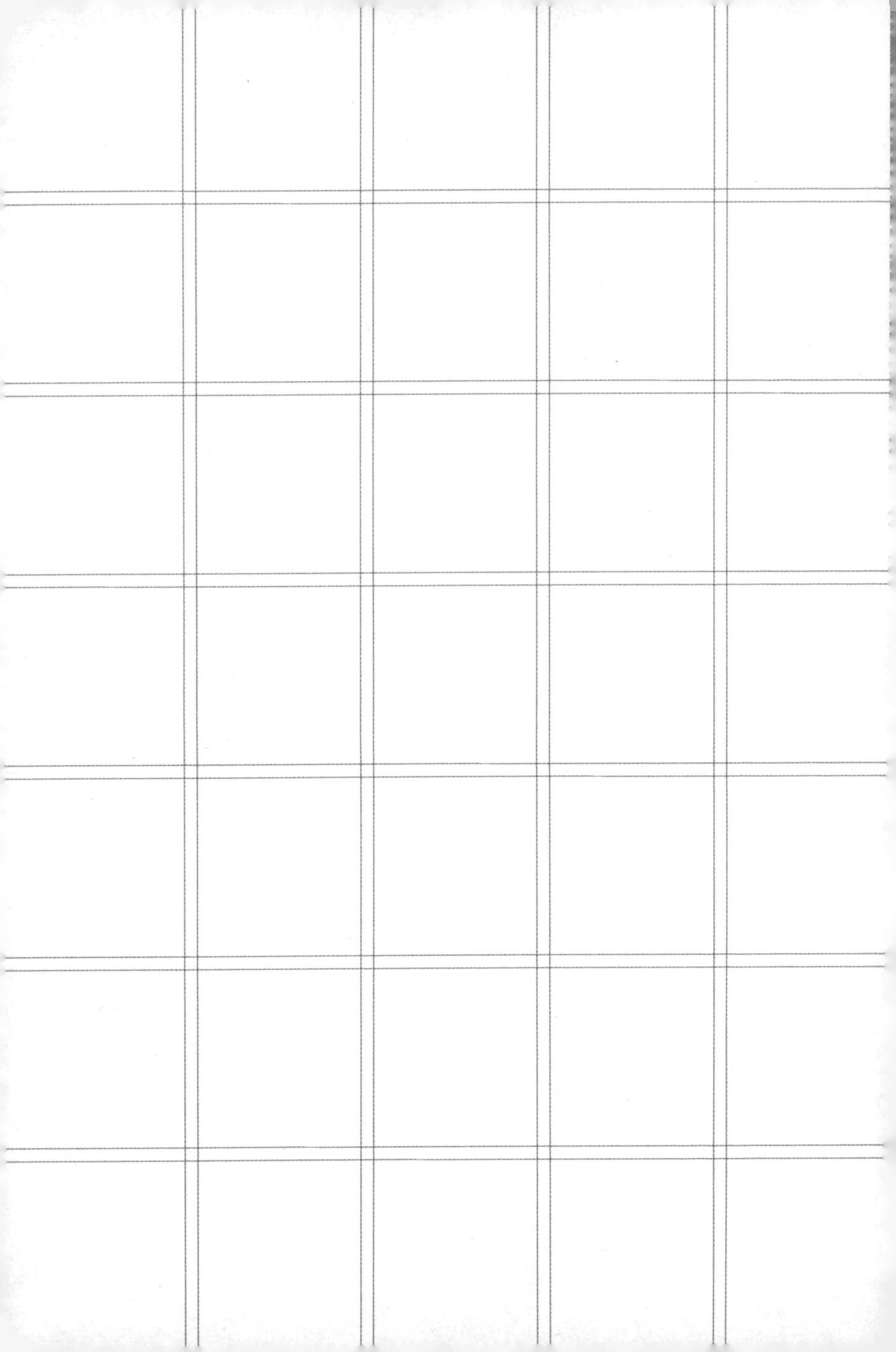

唯有冬尽春来的时候，猫叫春的声音颇不悦耳。呜呜的一声一声的吼，然后突然的哇咬之声大作，唏哩哗喇的，铿天地而动神祇。

——梁实秋，《猫的故事》（节选）

“总之，我要一只猫，”她说，

“我要一只猫，我现在要一只猫。

要是我不能有长头发，

也不能有任何有趣的东西，

我总可以有只猫吧。”

——[美国]海明威，《雨中的猫》（节选）

然而，所有的野生动物中，

最具野性的是猫。

它独来独往，

想去哪里就去哪里。

——[英国]吉卜林，《独来独往的猫》（节选）

猫咪的肉爪子——

一种对小耗子和铲屎官都极具杀伤力的武器。

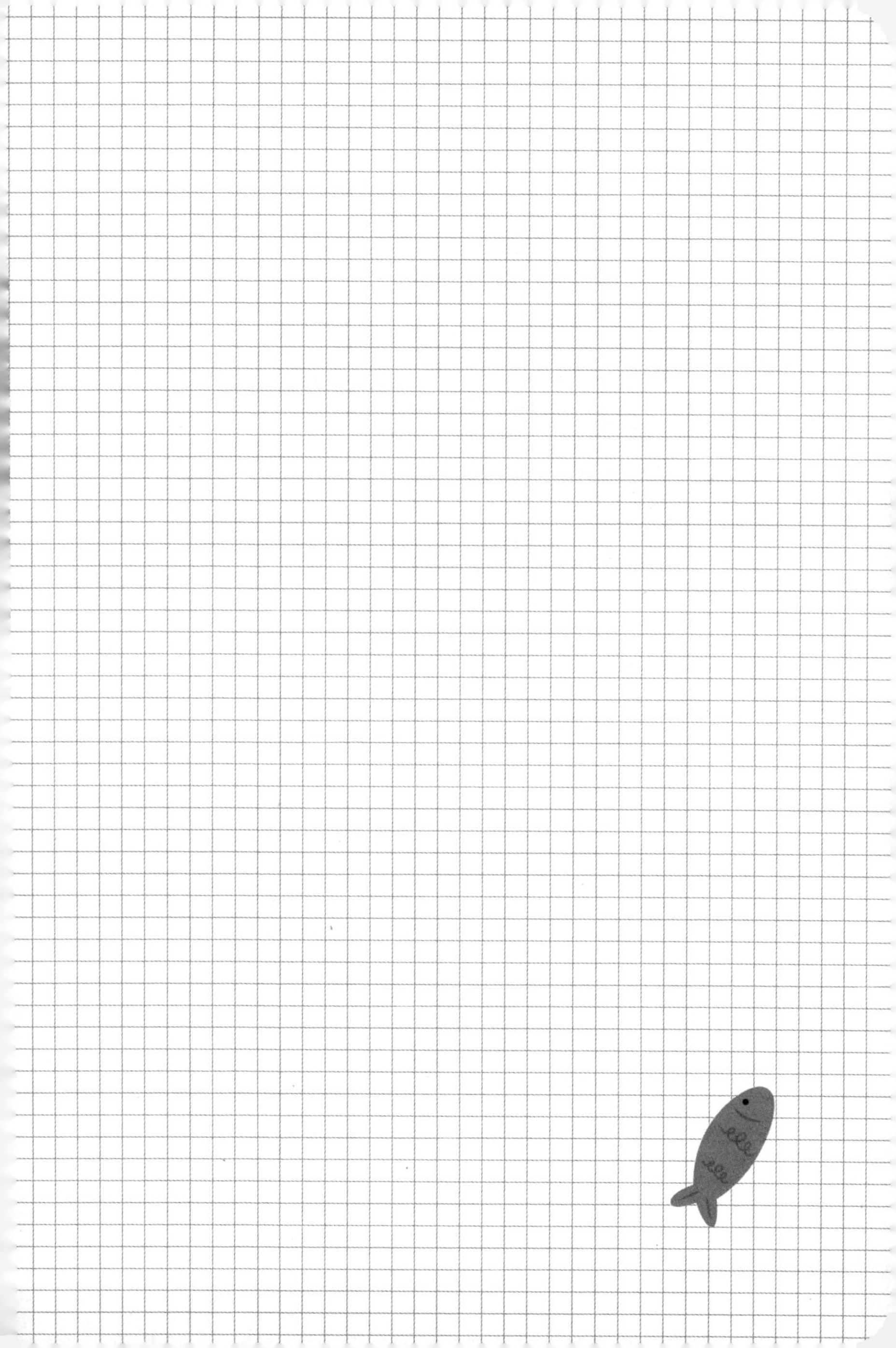

cat

cat

有人说，养猫是一种“自虐”行为，

因为你的付出很可能得不到回报。

到底是你收养了一只猫，还是猫恩准你进入它的生活呢？

你知道吗？折耳猫虽然可爱，

但他们是患有骨骼病的小天使。

想变成一只猫，

过着悠闲自在的日子。

cat

cat

欲慰相思苦，见猫如见人。

缘何向我叫，岂是我知音？

——[日本]紫式部，《源氏物语》（节选）

它似乎太活泼了，一点也不怕生人，有时由树上跃到墙上，又跑到街上，在那里晒太阳。我们都很为它提心吊胆，一天都要“小猫呢？小猫呢？”地查问好几次。每次总要寻找一回，方才寻到。

——郑振铎，《猫》（节选）

聘得狸奴制小名，潜来时见问金睛。
裙边袖角才相探，又向花阴戏晚晴。

——[清]陈崇光，《题猫蝶图》

听说，如果你想养猫，

那就证明你想爱人。

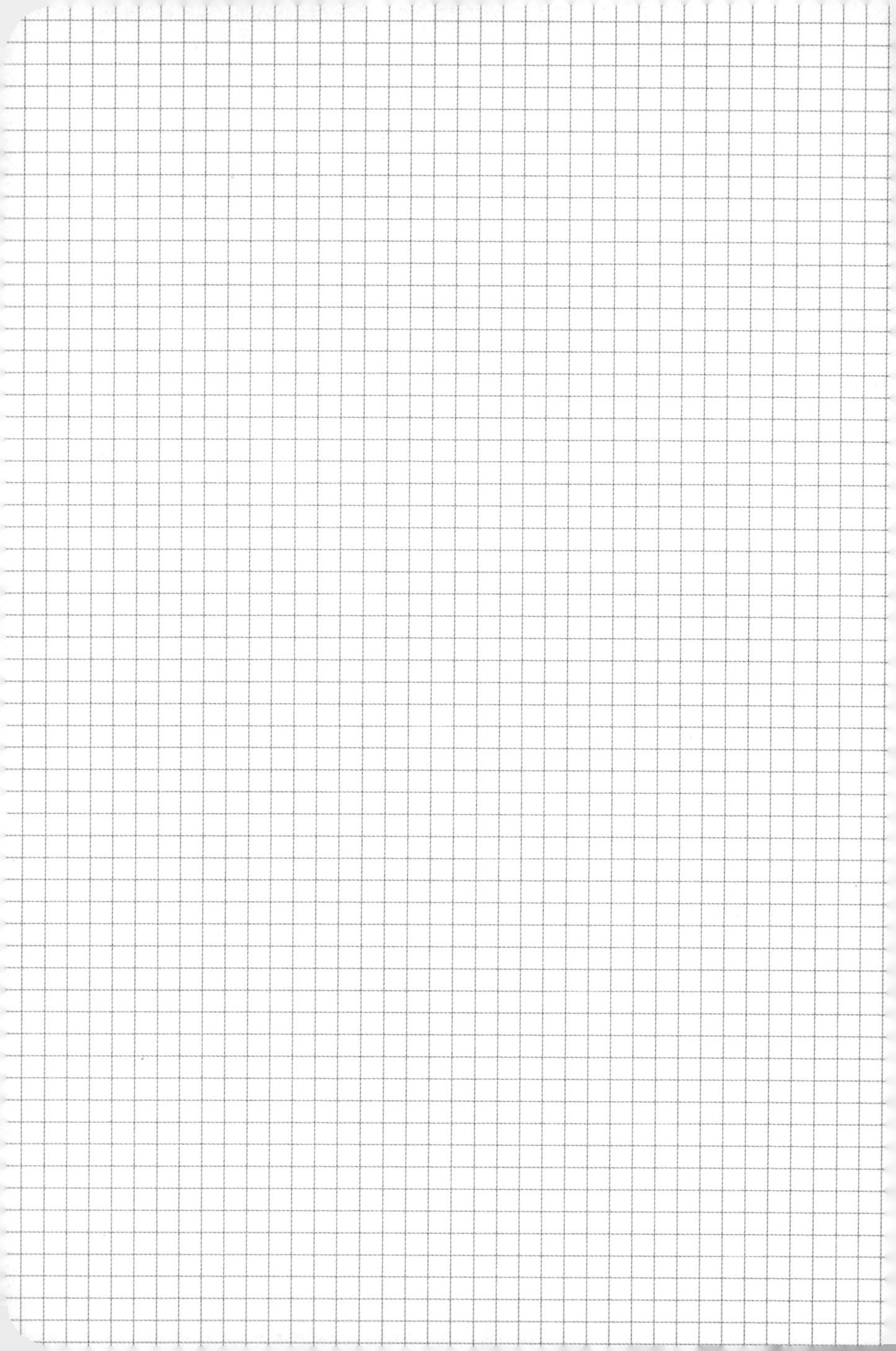

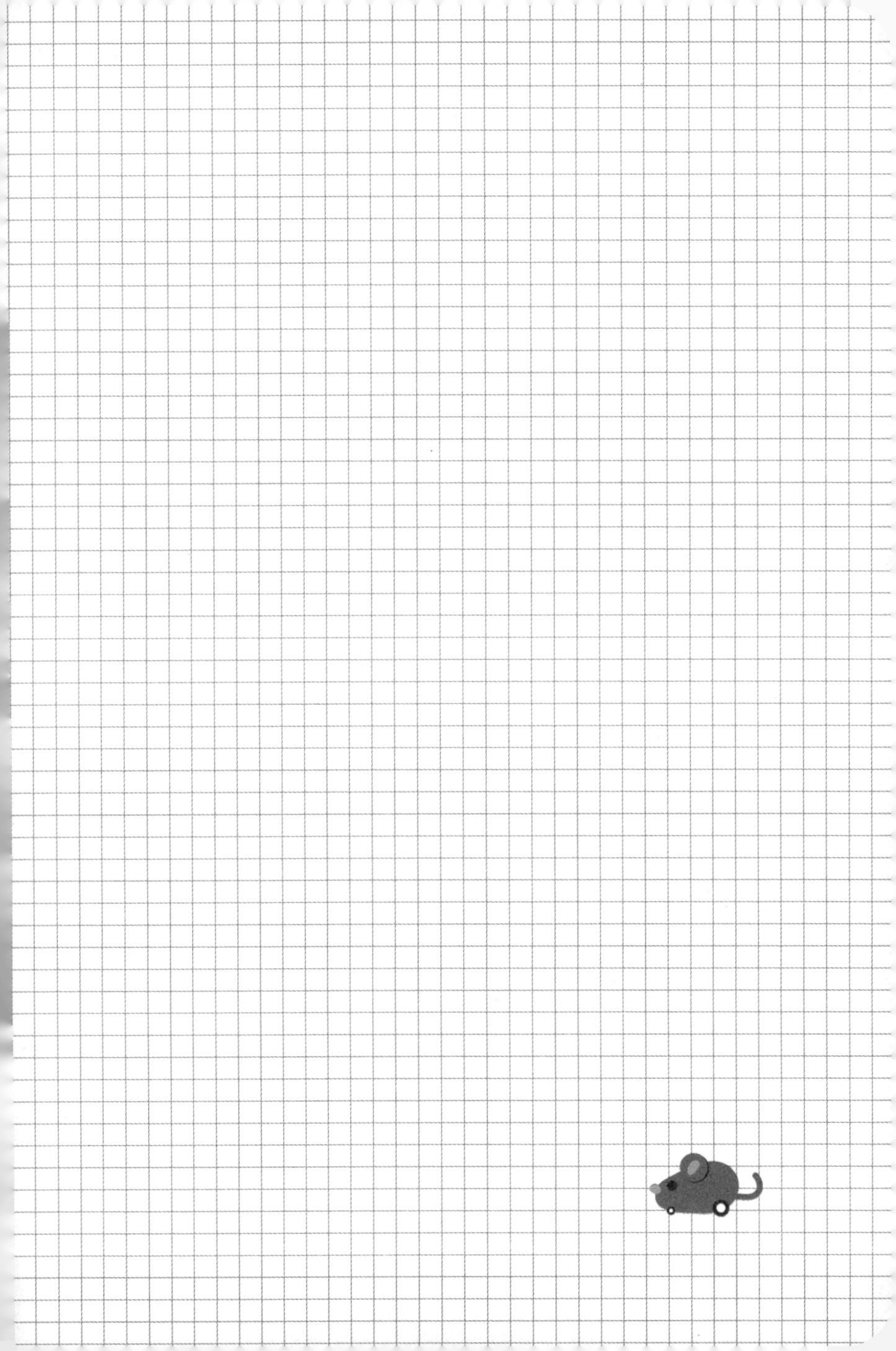

cat

cat

那只猫博学而又儒雅，知书达理，富有教养。他告诉森林里的动物们许多不曾听说过的、未来也不会知道的事儿，令他们分外地钦佩。

——[美国]马克 · 吐温，《猫的寓言》（节选）

猫完全忠实于自己的情感。

而人类，因为这样那样的理由，

可能隐藏自己的感受。

而猫则不会。

——[美国]海明威

好诗读罢倚团蒲，唧唧铜瓶沸地炉。
天气稍寒吾不出，氍毹分坐与狸奴。

——[金]刘仲尹，《不出》

能抚摸喵星人的肚子，

是世界上最幸福的一件事儿。

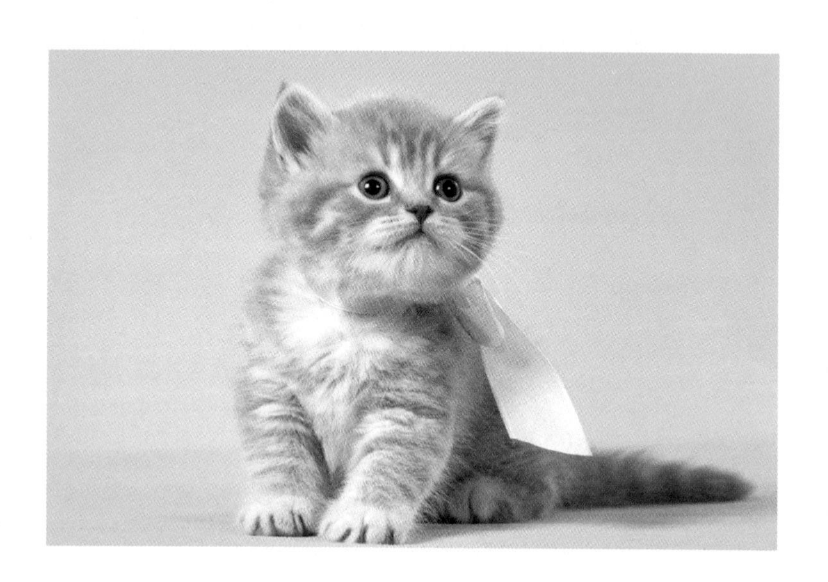

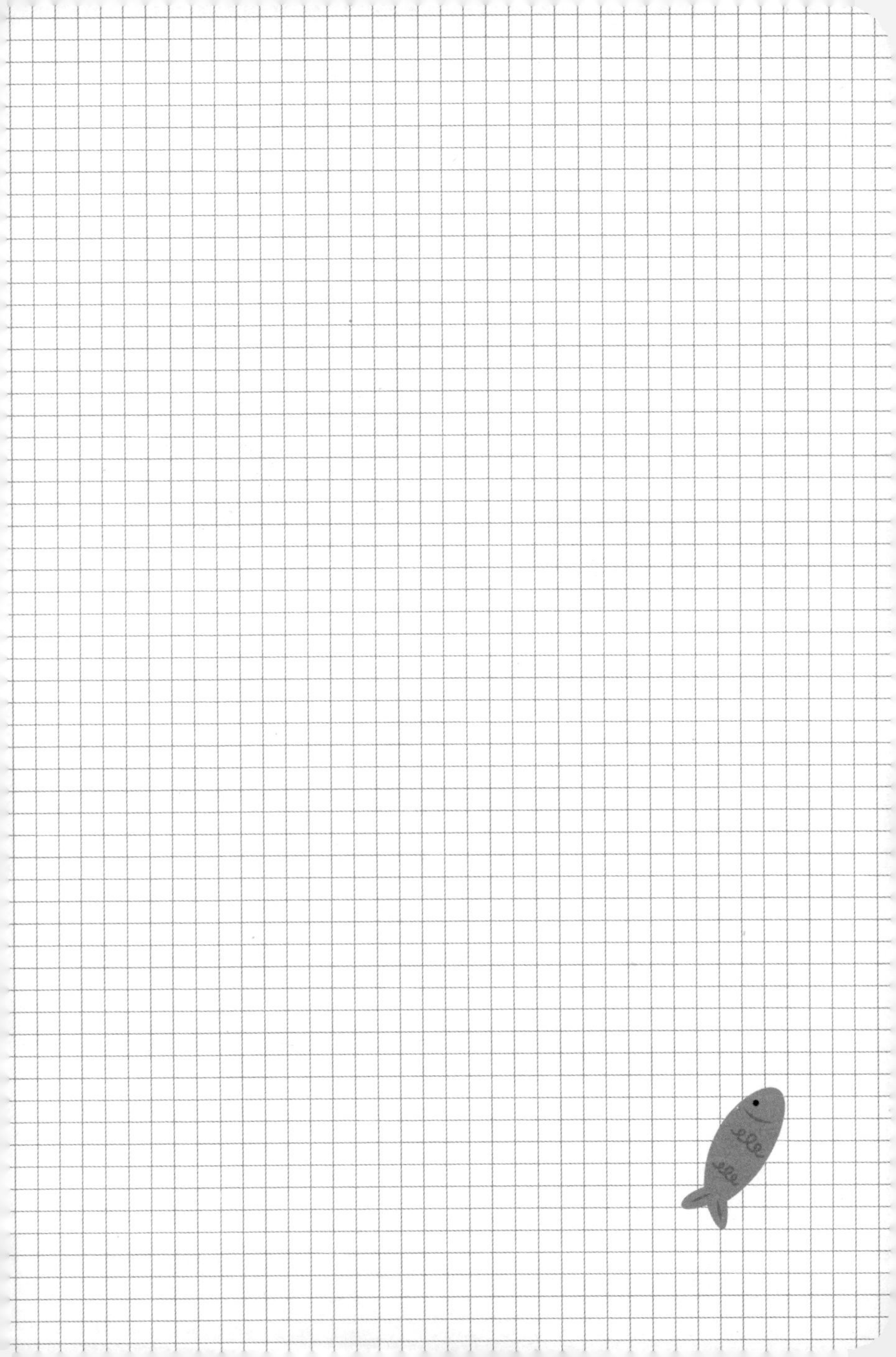

cat

cat

花花儿早上见了李妈就要她抱。它把一只前脚勾着李妈的脖子，像小孩儿那样直着身子坐在李妈臂上。

——杨绛，《花花儿》（节选）

死——不要对猫这样做，

因为猫在空房子里，就会不知所措。

—— [波兰]辛波斯卡，《空房间里的一只猫》（节选）

风卷江湖雨暗村，四山声作海涛翻。

溪柴火软蛮毡暖，我与狸奴不出门。

—— [南宋]陆游，《十一月四日风雨大作》其一

在一只猫放下它的尊严，

待你如一个被信赖的朋友之前，

对他有些许尊敬还是应该的。

——[英国]T.S.艾略特，《对猫的称呼》（节选）

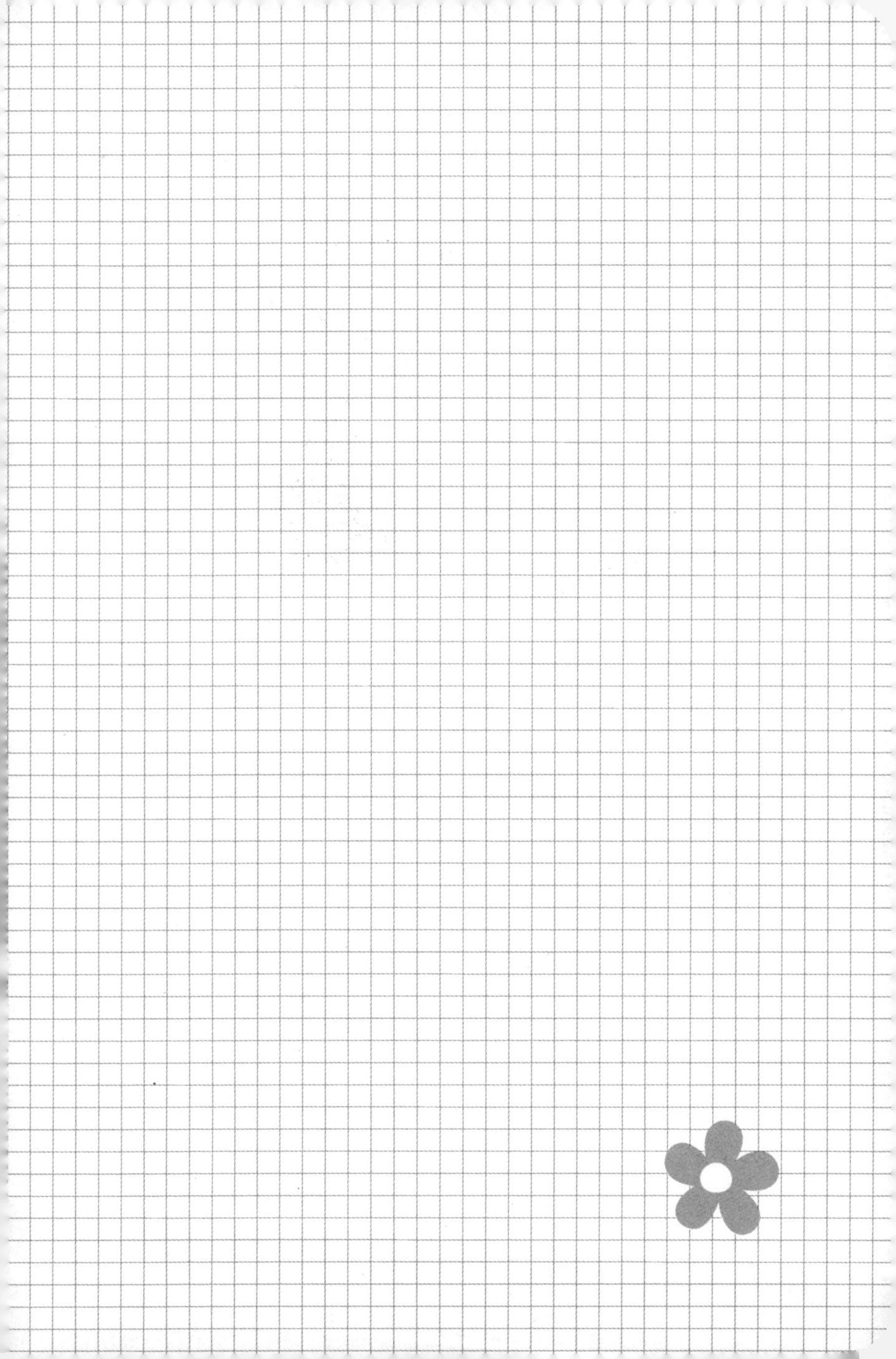

cat

cat

图书在版编目（CIP）数据

你是我的独家记忆：猫咪专属手账 / 卓文编. --
北京：新世界出版社，2017.4
ISBN 978-7-5104-6231-3

Ⅰ. ①你… Ⅱ. ①卓… Ⅲ. ①猫—普及读物 Ⅳ.
①S829.3-49

中国版本图书馆CIP数据核字（2017）第058570号

你是我的独家记忆：猫咪专属手账

作　　者：卓　文
责任编辑：丁　鼎
责任印制：李一鸣　高　金
出版发行：新世界出版社
社　　址：北京西城区百万庄大街24号（100037）
发行部：（010）6899 5968　　（010）6899 8705（传真）
总编室：（010）6899 5424　　（010）6832 6679（传真）
http://www.nwp.cn
http://www.nwp.com.cn
版权部：+8610 6899 6306
版权部电子信箱：nwpcd@sina.com
印　　刷：北京旭丰源印刷技术有限公司
经　　销：新华书店
开　　本：787mm × 1092mm　1/32
字　　数：100千字　印张：7
版　　次：2017年4月第1版　2017年4月第1次印刷
书　　号：ISBN 978-7-5104-6231-3
定　　价：58.00元